★给孩子的博物科学漫画书★

寻灵大冒险
Jungle Survival

传说中的月池

甜橙娱乐 著

中国纺织出版社有限公司

图书在版编目（CIP）数据

寻灵大冒险. 7，传说中的月池 / 甜橙娱乐著. --
北京：中国纺织出版社有限公司，2020.11
（给孩子的博物科学漫画书）
ISBN 978-7-5180-7918-6

Ⅰ.①寻… Ⅱ.①甜… Ⅲ.①热带雨林 —— 少儿读物
Ⅳ.① P941.1-49

中国版本图书馆CIP数据核字（2020）第182809号

责任编辑：李凤琴　　责任校对：高涵　　责任印制：储志伟

中国纺织出版社有限公司出版发行
地址：北京市朝阳区百子湾东里A407号楼　邮政编码：100124
销售电话：010—67004422　传真：010—87155801
http://www.c-textilep.com
官方微博http://weibo.com/2119887771
北京通天印刷有限责任公司印刷　各地新华书店经销
2021年3月第1版第1次印刷
开本：710×1000　1/16　印张：10
字数：120千字　定价：39.80元

推荐序
开启神奇的冒险之旅吧

　　在我的童年时代，《小朋友百科文库》是我所读科普类书籍的主要组成部分。十多年前，我就一直想把来自世界各地的雨林动物以动画的形式展现出来，后因种种事情的牵绊未能付诸实施。这次重新筹划，我不但感到欣慰，回忆昔日，心中充满了温馨。

　　这是一部充满雨林冒险与团队励志的长篇故事，让所有的小观众们不仅能领略雨林中的大千世界，还能体会剧中主角们勇往直前、坚韧不拔的毅力。更倡导全世界未来的小主人公们，一起关爱自然，维护我们共同赖以生存的家园并与自然界中的生物和谐共处。

　　从 2012 年开发《寻灵大冒险》3D 动画，到今天已经累计在全球 100 多个国家和地区发行。相关漫画图书在世界范围内售出 400 多万册，成为许多家长和学校高度推荐的畅销书。

　　希望所有的小读者们能与父母一起亲子共读此书，家长饱含深情地给孩子朗读和演绎故事，按照故事情节变换不同的语调和声音，会增加孩子情绪分化的细腻性，有利于孩子情感体验和情绪表达的健康发展。大一点的孩子完全可以自主阅读，或许你会和故事中的主角们一样的勇敢啊！

　　下面让我们和剧中的马诺、丁凯等主角们一起，开启这趟神奇的冒险之旅吧！

《寻灵大冒险》《无敌极光侠》编剧

2020 年 7 月

人物介绍

马诺 ♂

　　男，11 岁，做事有点马马虎虎，大大咧咧，但待人很真诚，时刻都会保护大家，是全队的动力。

丁凯 ♂

　　男，11 岁，以冷静见长，因为自己很有能力所以性格很强，虽然不能成为全队的领袖或者智囊，但可以在队伍混乱时，随时保持冷静的观察和谨慎地思考，因为和马诺的性格不同所以演变成了微妙的竞争关系。

兰欣儿 ♀

　　女，11岁，看着像一个弱不禁风的小女孩，其实人小能量大，遇事沉稳，但难免有时会比较急躁，虽然总被惹事精的马诺所折磨，但觉得马诺在任何时候都会支持自己所以很踏实。

兰冰 ♂

　　男，7岁，兰欣儿的弟弟，年纪比较小，需要全队来保护，但同时又机灵敏捷，像个小大人似的喜欢说成熟的话，是个喜欢昆虫的宅少年。

卓玛 ♀

　　女，12岁，当地的土著人，淳朴善良勇敢，一直热心地帮助主角们渡过难关。

目 录

第一章

月池之谜

丁凯拿起木棍朝天空扔去，木棍在空中冻结。

啊！

那是嗜血蝙蝠！

嗜血蝙蝠？
就是喜欢血是吧？

不，它们已经不需要血了。不过它现在应该是想吸我们的灵魂吧。

嗜血蝙蝠变出分身。

8

不是那个，毒雾穿山甲，快对它们喷毒气！

哈哈！就是它！脸都憋红了。

咚咚

毒雾穿山甲！回收！

只剩下最后一次召唤灵兽的机会了，慎重点儿，丁凯。

苏醒吧！暗影猎豹！

暗影猎豹

18

蝙蝠

　　蝙蝠是脊索动物门哺乳纲翼手目的动物。翼手目通常可分为两个亚目：小蝙蝠亚目和大蝙蝠亚目。小蝙蝠亚目会发出超声波并利用回声定位寻找食物和躲避障碍物，体型较小，眼小，食物以昆虫为主，少数也会食用花果，有几个种类的吸血蝙蝠以血液为食。大蝙蝠亚目体型一般较大，眼大，视觉好，能在弱光下不依赖回声定位飞行，并以花果为食。体色通常为灰棕色或黑色等暗色，主要生活在阴暗潮湿的地方，全球分布。大多数种类的寿命平均 4 ~ 5 年，有的高达 35 年。大部分蝙蝠交配活动会集中发生在 2 ~ 3 周内，孕期从 6 ~ 7 周到 5 ~ 6 个月不等。

　　蝙蝠是唯一可以像鸟一样飞翔的哺乳动物，与鸟类和鼠类完全不同。它的身体构造与功能都为了更方便地飞翔而进化，生理机能也发生了一系列重要变化，行为也与飞翔有密切联系。在飞行演化中，蝙蝠还进化出了新陈代谢快、细胞更新快、体温长时间保持在 40℃以上的特性，其自身细胞损伤修复能力超强，拥有哺乳动物中最强的免疫系统。蝙蝠具有超强病毒携带能力，这是物种进化的自然选择结果。

　　蝙蝠虽然其貌不扬，却也是生物链中的重要一环，在生态平衡的维系中起着重要作用。例如，许多蝙蝠是捕杀蚊子等害虫的能手。自然界如果少了蝙蝠，整个生态系统的平衡很有可能被打乱。蝙蝠一般不会主动攻击和伤害人类，在野外生活中，蝙蝠会先将病毒传给一些与之接触的动物，病毒通过这些中间宿主，最终才会传播到人类身上。

第二章

噩梦

25

29

33

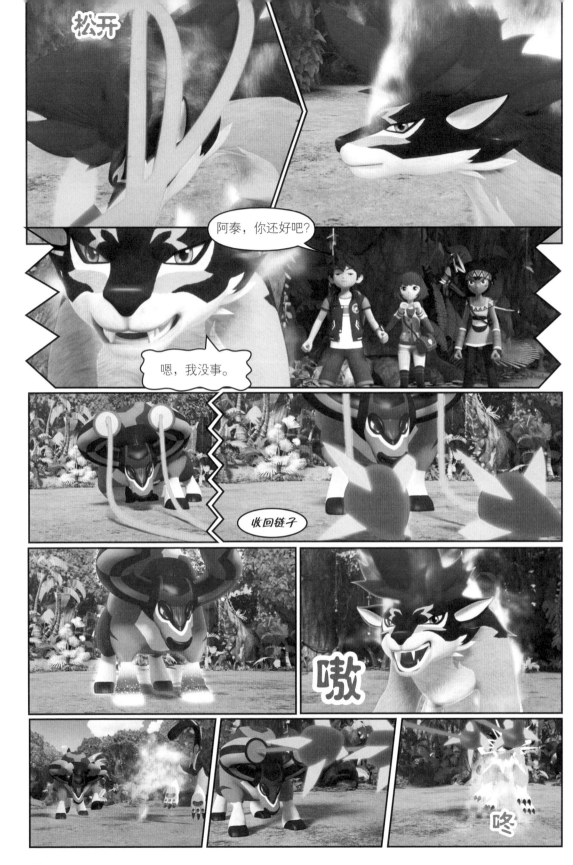

松开

阿泰，你还好吧？

嗯，我没事。

收回链子

嗷

咚

嗷

现在知道了吧。火焰
攻击根本行不通的。

41

神力青牛

　　神力青牛的原型是白臀野牛。白臀野牛属牛目牛科的牛亚科，其臀部有一独特的大圆盘状白斑，四肢下部染有白色。眼睛上方有白色斑点。身材类似于家养的牛，但颈部相对细长，头部较小，在肩膀上方的背部有脊。野牛栖息在丛林中的开阔地带，通常会组成 2～30 头的群体一起活动，寻找食物，但在人类侵入的地方它们会变为夜间行动，白天休息，卧成一圈，由一头母牛站立护卫，遇到危险，母牛会马上跺脚示警，其他牛闻讯会马上跃起逃命。不同地区的野牛体色不同，大部分为赤褐色或黄棕色，分布在泰国与马来半岛的白臀野牛几乎呈黑色。在野生状态下野牛寿命为 10～15 年，体长245～350cm，肩高 155～165cm，体重 500～900kg，尾巴长达 60cm，下垂过膝部。雌雄均有角，雄性的角长达 60～75cm，雌性的角短而弯曲，向内指向顶端，雄性的角向上弯曲，角与角之间形成角质块所以不会长毛。野牛主要生活在东南亚的缅甸、泰国、老挝、柬埔寨等地，属于哺乳动物。它们的食物主要是各种野草、树叶、树芽、竹叶或竹笋等植物。由于人类经济开发和栖息环境被破坏，导致它们的分布范围缩小，资源锐减，加之过度狩猎，野牛已处于濒危状态。

第三章

难缠的驯兽师

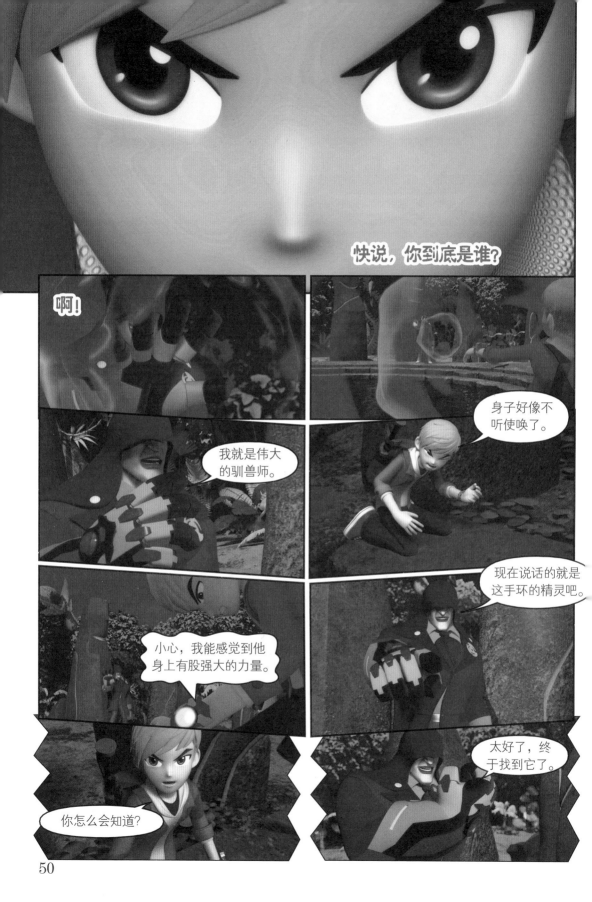

快说，你到底是谁？

啊！

我就是伟大的驯兽师。

身子好像不听使唤了。

小心，我能感觉到他身上有股强大的力量。

现在说话的就是这手环的精灵吧。

你怎么会知道？

太好了，终于找到它了。

61

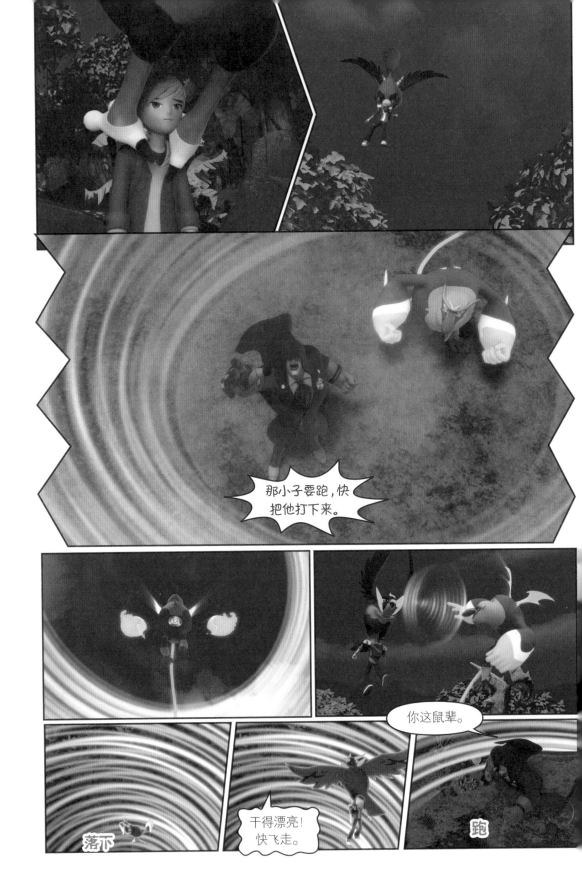

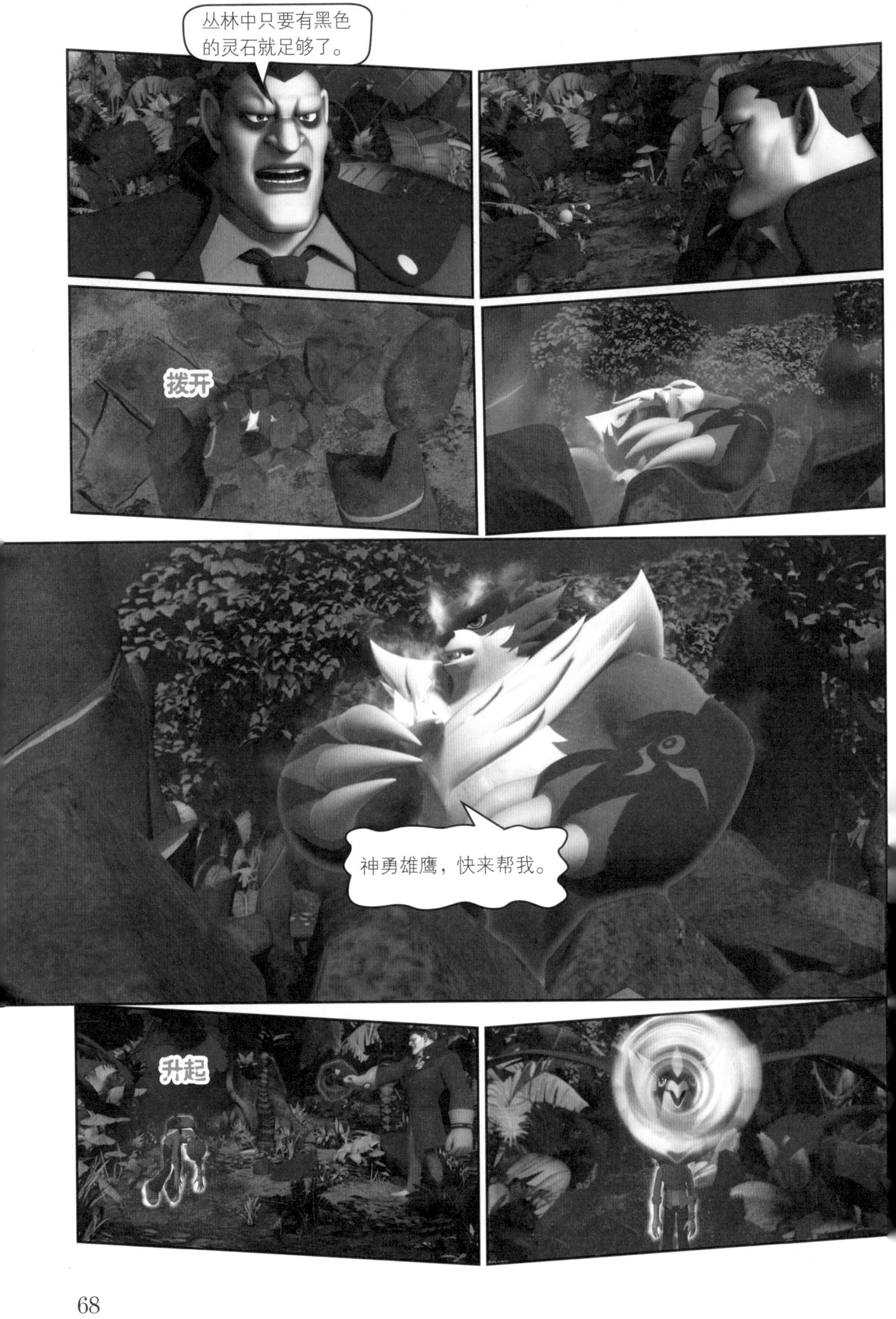
丛林中只要有黑色的灵石就足够了。
拨开
神勇雄鹰，快来帮我。
升起

昆虫大脑

　　大脑是控制动物们的感觉、运动、做出反应等的重要器官，昆虫也会通过眼睛或触角处理收到的信息，用自己的意识控制其行为，所以它们当然也有大脑。但昆虫的大脑与人类等哺乳动物拥有的大脑模样和使用都不同，人类大脑从感知、感觉到命令、运动等所有的事项都是大脑来执行，但昆虫把这些功能分成好几个步骤进行，主要通过把大脑的角色分开执行的神经节。昆虫们的神经细胞聚集的地方有一个叫神经节的器官，这其中头部就有前中后三个主要神经节。昆虫的大脑会把收到的情报整理之后产生激素，几乎不会去干预身体的运动。昆虫们不仅是头上带有神经节，它的胸部、腹部等地方也存在神经节，连接全身的所有肌肉，控制其运动。这使得蚱蜢即使没有头也可以动弹，因为包括蚱蜢在内的昆虫们不是从头上的大脑，而是用胸部或腹部上的神经节来控制整个身体的动作，所以当它们的头消失后还会走路或跳高等。

第四章

险象环生

75

81

驯兽师大人说要捉活的，哈哈哈。不过暗煜大人的主意似乎也不错。

扑

大家快跑！

先除掉他们吧。

在这之前，谁看到红色灵石的精灵了？

不对啊，那家伙不是你在看守吗？

啊？不是你在看守吗？

大金刚
这家伙居然敢无视我们。
那就尝一尝我们的厉害!
说破天不过就是只猴子嘛。
难道你们不是猴子吗?
嗷
扔

91

飞甲豚猴

　　飞甲豚猴的原型是豚尾猕猴。豚尾猕猴属于哺乳纲灵长目猕猴属豚尾猴科，其额头较窄，吻部长而粗，略有些像狒狒，身体背部浅黄褐色，腹部黄白色，四足呈黄棕色。圆乎乎的身体上有短短的尾巴，尾巴上的毛很稀疏，但末端有一簇长毛，在行动的时候常呈"S"形弯曲如弓，状似扫帚或猪尾，所以得名"猪尾猴"。头上的冠毛短而黑，头顶有放射状的毛旋，但前额却辐射排列为平顶的帽状，好像留着"板寸"发型，所以也被叫作"平顶猴"。它能够攀爬高大的树木，树栖生活，喜欢群居，和其他猴子一样，喜欢彼此"捉虱子"，其实是猴类在互相梳毛修饰。体长 45 ~ 75cm，体重 3.5 ~ 14.5kg。寿命平均26 年。豚尾猕猴 3 ~ 5 岁性成熟，孕期大约 6 个月，通常每胎产 1 仔，哺乳期 4 ~ 5 个月。雌性每隔两年繁殖一次。

　　在缅甸、马来西亚半岛、印尼等东南亚亚热带森林地区海拔 2400m 以下的地面或树枝上，均可见其踪迹。为了寻找食物它们会从地面往相当远的地方移动，当面临危险时会快速往树上躲避。猕猴为杂食性动物，食物包括果实、种子、谷类、植物、昆虫、蛋及小型动物。豚尾猴是非常聪明的动物。在野外，它们对不同的危险会发出不同的尖叫声。动物园饲养员还观察到它们见面时会用拍击的动作表示友好的意思。因为它们的动作细心也有耐心，常被用来训练摘椰子，也有植物学家用它们收集树上的植物样本。

第五章

丁凯的决心

99

不过。

你到底想说什么啊？

对啊，丁凯，你已经昏迷一天了。要不还是先歇会儿吧。

是啊，丁凯，你还是再歇会儿吧。

阿瑟，现在我该怎么办？又不能直接说驯兽师就是我爸爸。

不管用什么方法，只要你再帮我收服两只灵兽，剩下的我来帮你搞定。

丁凯回忆阿瑟说的话。

101

本来就只差一只灵兽了。是我没做好。

下起了白雾。

这，这是怎么回事？

闪电蜘蛛出现。

是灵兽！阿瑟！

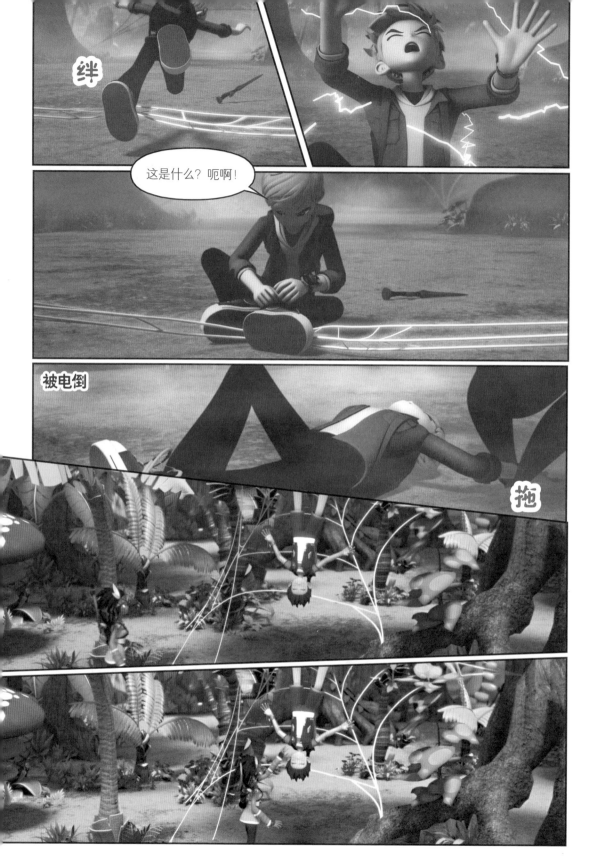

蚁后，干得漂亮。

哈哈，要不要直接把蜘蛛给化掉啊。

噗

115

狭口灵蛙

苏醒吧，狭口灵蛙！

快先把我关起来。

噗

跳

生命之光，回收！

闪电蜘蛛

　　闪电蜘蛛的原型是鞭蛛。鞭蛛属于蛛形纲无鞭蝎目，是介于蜘蛛和蝎子之间的品种，融合了双方的一些特点：无毒；蜕皮次数就和蝎子一样为6次7龄，但6龄即可繁殖；分为头胸部及腹部两个部分又和蜘蛛是一样的。不同的是，鞭蛛头部生有分节的须肢，用以捕捉猎物；第一对足修长无比，其上有感觉器官，不能用以行走，有类似于昆虫触角的功能，通常一根伸向前方，另一根伸向身体的某一侧进行探索。比起它的身体大小，鞭蛛那又细又长的感觉器官动弹时就像鞭子一样，所以称它为鞭蛛。如果被抓住，鞭蛛的腿会断掉，让身体逃走。它昼伏夜出，白天隐藏在树皮或石下，常会进入住宅，生存于热带和亚热带地区。

　　鞭蛛可以随便往前方或旁边移动。它们把其中一只鞭子模样的感觉器官往自己想要移动的方向指一下，之后往其他地方四周挥动后了解周边的情况。鞭蛛可以在完全黑暗的地方用感知器官来寻找食物，只要在周边感知到食物时，鞭蛛会立刻利用触角状足制服对方，使之不能动弹，再用螯肢撕裂猎物，像蜘蛛那样吸食液汁。鞭蛛的长相虽然比较具有攻击性，但并不会攻击人类。

　　这类蛛形纲的节肢动物与蝎子形态相似，很容易被误认为是蝎子，但没有尾巴，所以被称为"无尾鞭蝎"。值得注意的是，鞭蛛和鞭蝎有明显区别，鞭蛛没有尾巴，前螯细长，而鞭蝎有尾巴，前螯粗壮弯曲。

第六章

新的希望

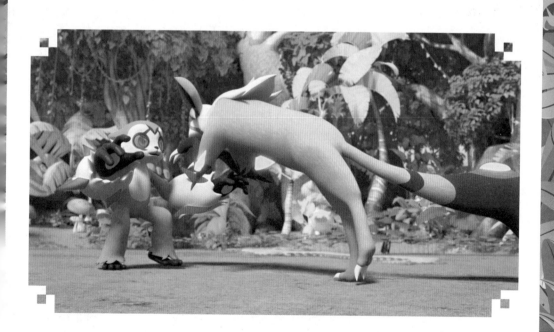

间蜂猴

扔

回旋镖

马诺!

你还好吧?从早上开始就这样了。

怎么能这样,丁凯居然偷走了我的灵兽!你们说这像话吗?!

肯定不是偷的。

125

死亡蔓延的越来越广了，再不快点阻止他们的话，丛林就要完了！

我真的无法相信，难道这一切都是爸爸干的？

不，是黑色灵石干的，你爸爸肯定是被操控了。剩下的就让我来帮你搞定吧。

熊狸

给我让开。

127

135

抓

扑通

饶我了吧！我会离开这个地方的。

我们没打算要了你们的命，我们只是想拯救变异了的你们。

变异？

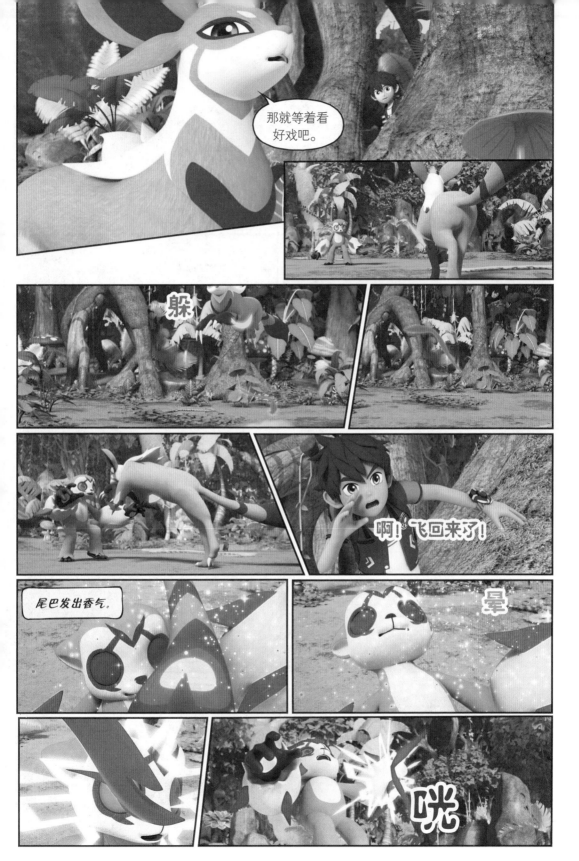

145

呵……

哎呀！这可怎么办？这样闻完可是要睡上一个月呢。

哈哈哈，魅影狸猫，你可真是个特别的灵兽啊，辛苦你了。

以后别再找我了。

149

蜂猴

　　蜂猴属于哺乳纲灵长目懒猴科蜂猴属。它是杂食性动物，食物主要是热带鲜嫩的花叶和浆果，以及昆虫、鸟类等，特别爱吃蜂蜜，因此得名"蜂猴"。蜂猴又被称为懒猴，是因为它畏光怕热，白天在树洞、树干上抱头大睡，鸟啼兽吼也无法惊醒它。它的动作非常缓慢，挪动一步需要12秒。蜂猴又叫"拟猴"，因为它很少活动，地衣或藻类植物在它身上繁殖生长，把它包裹起来使它有了和环境一致的保护衣，可以模拟绿色植物，躲避天敌伤害。蜂猴移动缓慢，但在必要的时候也能快速移动。这种动物的缓慢和快速运动有两个优点，第一是在寻找食物时，可以不知不觉接近猎物，第二是当被敌人发现时能以惊人的速度逃跑。

　　蜂猴为典型的东南亚热带和亚热带森林中的树栖性动物，其活动、觅食、交配、繁殖及休息等均在树上。体长26～38cm，略小于家猫，蜂猴是唯一一种有毒灵长类动物，毒腺位于手肘部。头顶至腰背有一条显著的棕褐色脊纹，在晚上视网膜具有反射作用以放大光线，因此眼睛明亮。当蜂猴遇到危险时，会把毒液投射出去，还会把毒液抹在幼崽周围，避免幼崽被掠食者捕食。

　　虽然懒猴生活在温暖的热带雨林，但体温很低，因为热量产生系统比其他类似大小的哺乳动物低约50%。因此，它有厚厚的尾巴和茂密的毛发，可以保温，并且在睡觉时，胳膊和腿会蜷缩在胸部和腹部，以防止热量散失。